Rheinisch-Westfälische Akademie der Wissenschaften

Natur-, Ingenieur- und Wirtschaftswissenschaften · Vorträge · N 381

Herausgegeben von der
Rheinisch-Westfälischen Akademie der Wissenschaften

WILFRIED RUSKE

Planung, Management, Gestaltung –
aktuelle Aufgaben des Stadtbauwesens

Westdeutscher Verlag

354. Sitzung am 7. Dezember 1988 in Düsseldorf

CIP-Titelaufnahme der Deutschen Bibliothek

Ruske, Wilfried:
Planung, Management, Gestaltung : aktuelle Aufgaben des Stadtbauwesens /
Wilfried Ruske. – Opladen : Westdt. Verl., 1990
   Vorträge / Rheinisch-Westfälische Akademie der Wissenschaften: Natur-,
Ingenieur- und Wirtschaftswissenschaften; N 381)
   ISBN 978-3-531-08381-0   ISBN 978-3-322-88505-0 (eBook)
   DOI 10.1007/978-3-322-88505-0
NE: Rheinisch-Westfälische Akademie der Wissenschaften (Düsseldorf) : Vor-
träge / Natur-, Ingenieur- und Wirtschaftswissenschaften

Der Westdeutsche Verlag ist ein Unternehmen der Verlagsgruppe Bertelsmann International.

ISSN 0066-5754
ISBN 978-3-531-08381-0

Inhalt

Wilfried Ruske, Aachen
Planung, Management, Gestaltung –
aktuelle Aufgaben des Stadtbauwesens

Diskussionsbeiträge
   Professor Dr. sc. techn. *Alfred Fettweis;* Professor Dr.-Ing. *Wilfried Ruske;*
   Professor Dr. phil. nat. *Reinhard Selten;* Professor Dr. rer. nat. *Eckart Knel-*
   ler; Professor Dr. phil. *Lothar Jaenicke;* Professor Dr. rer. nat. *Hans-Jürgen*
   Engell; Professor Dr. phil. *Friedrich Scholz;* Professor Dr.-Ing. *Paul Arthur*

1. Ausgangslage, Problemstellung

Unser schöner blauer Planet scheint von einer Reihe von Plagen heimgesucht zu sein. Eine davon muß wohl der Verkehr sein, der den Globus wie eine Krake im Griff hat, wenn man Zeitungsmeldungen und anderen Medien glauben darf.

So war erst gerade in den „Themen der Zeit" zu lesen: „Stadt unterm Rad – letzte Versuche, unsere Städte vor dem Auto zu retten" [1] oder „Droge Auto" [2]. Hier wird auf die Hauptprobleme unserer Städte hingewiesen: Lärm, Abgase, Beton, Waldschäden, Ozonloch oder gar Klimakatastrophe sind gängige Vokabeln zur Beschreibung dieses Teils der Zivilisationsmisere in der Welt. Jeder Einzelne ist dabei ein Kollektivopfer, das sich je nach empfundenem Bedrohungsgrad zu wehren versucht (Bürgerinitiativen, Zeitungsartikel, Parteien, sonstige Gruppierungen).

Fatalerweise ist das Opfer aber gleichzeitig der Täter: Wer fährt denn die Autos, die Lärm und Abgase erzeugen? Wer benutzt denn Spraydosen mit Fluorchlorkohlenwasserstoffen (FCKW) und schadet damit der Ozonschicht? Wer konsumiert relativ gedankenlos, wenn er sich dieses finanziell leisten kann, ohne nach den Folgen hiervon zu fragen? Es ist der gleiche Bürger Jedermann, der sich so bedroht fühlen muß (von sich selbst!).

Man muß zu Recht fragen, ob der Bürger das denn nicht merkt oder ob es erst eine Institution geben muß, die ihm seine eigene Schizophrenie klarmacht.

Menschen handeln wohl immer nach dem Prinzip der geringsten Widerstandes, d. h. sie versuchen ein Ziel mit dem geringsten Aufwand zu erreichen. Von zwei Möglichkeiten der Zielerreichung wird diejenige mit dem geringsten Aufwand – wie auch immer dieser gemessen werden mag – ausgewählt.

Ein zweites Prinzip, das sich diesem überlagert, ist das der privaten Nutzenmaximierung: Eigennutz geht vor Gemeinnutz! Zwar hat der Mensch durchaus ein Bewußtsein für übergeordnete höhere Werte; bei einer Abwägung der eigenen ich-bezogenen Bedürfnisse gegenüber den übergeordneten Werten entscheidet sich der Einzelne vornehmlich für die eigenen Bedürfnisse. Private Zielsetzungen haben in unserer pluralistischen Gesellschaft absoluten Vorrang vor Zielsetzungen der Allgemeinheit. Dieses drückt sich als persönliche Freiheit oder Selbstverwirklichung aus. Auf der anderen Seite muß Politik in diese Art der persönlichen Freiheit lenkend eingreifen, wenn dadurch das Wohl der Allgemeinheit in

Gefahr gebracht wird. Slogans wie: „Freie Fahrt für freie Bürger!" oder „Lieber zügig fahren als auf Züge warten" (des VDA) sind da wenig hilfreich, unterstützen sie doch nur die Einzelegoismen. Die Politik muß den Rahmen für das Handeln der Bürger setzen. Sie muß dieses tun, ohne einerseits zu stark einzuengen und ohne andererseits die Zügel allzusehr schleifen zu lassen. Politik muß immer auf einen Kompromiß oder Ausgleich von Interessen (Gruppenegoismen) ausgerichtet sein. Sie darf dabei aber nicht nur auf kurzfristige Akzeptanz durch eine Mehrheit achten.

Heute ist Politik jedoch nur selten von Visionen über die zukünftige Welt geprägt. Sie schielt vielmehr häufig nur auf kurzfristige Erfolge und auf Akzeptanz durch den Bürger. Damit fallen Zielsetzungen von allgemeiner Wichtigkeit in ihrer Priorität immer nach hinten. So steht der Umweltschutz meistens hintan, wenn es vordergründig um Arbeitsplätze geht. Umweltschutz hat ebenso keine Chance, wenn freie Bürger ihre freie Mobilität mit dem Auto (d. h. zu jeder Zeit und an jedem Ort) einfordern oder Interessengruppen beispielsweise auf der exzessiven Zugänglichkeit der Innenstadt mit dem Pkw bestehen.

Hin und wieder scheint die Politik sich zu größeren Entwürfen aufzuschwingen. Als Beispiel mag aus dem engeren Fachgebiet die vor einigen Jahren beabsichtigte drastische Reduzierung der Luftverunreinigung dienen. Aber bei den Vorschriften für Industrie und Haushalte (Großfeuerungsanlagenverordnung, TA-Luft) sowie bei denen für Autos (Katalysator) ist von den Entwürfen nicht viel geblieben. Beim Katalysator „mußte" ein europäischer Kompromiß hingenommen werden, weil Länderegoismen hier nicht anders austariert werden konnten.

Wenn sich schon nicht die zur Gefahrenabwehr und Daseinsvorsorge berufenen Politiker auf die Bedeutung lebenswichtiger Zielsetzungen verständigen können, wieviel weniger kann man dieses vom einzelnen Bürger in bezug auf sein Eintreten für allgemeine Zwecke erwarten. Solidarität ist gefordert.

Könnte diese erzielt werden durch die dritte Gruppe der Akteure im Problemfeld: die Planer, die sich in der Verwaltung oder als freie Planer darum bemühen, die Umwelt – im weitesten Sinne – so zu gestalten, daß sie auch in Zukunft noch lebenswert erscheint? Wer aber sind diese Planer? Zunächst sind sie wie die übrigen Gruppen auch Bürger und unterliegen den gleichen Zwängen, Wertvorstellungen und Erfahrungen. Zudem gibt es nicht *den* Planer. Sondern Planer sind nach Fächern, ihren Planungsobjekten, unterschieden. Ein Fachplaner vertritt damit auch Fachinteressen, d. h. Zielsetzungen und Regeln seines Faches, die sich oft genug verselbständigt haben, und deren Sinn häufig nicht mehr von den Fachplanern hinterfragt wird. („Das haben wir immer so gemacht!") Eine Koordination der vielen Fachplanungen und die Zusammenführung zu einer integrierten Planung ist äußerst schwierig. Hier spielen neben den bereits erwähnten Fachegoismen auch die diffusen Vorgaben der Politik(en) eine entscheidende

Rolle, denn die Planer sind zur Planung nicht legitimiert, sie sind eigentlich Hilfswerkzeuge der Politik. Auf die sich hieraus ergebenden Probleme soll nicht besonders eingegangen werden.

Kann man bei dieser Ausgangslage mit Planung, Management und Gestaltung im Stadtbauwesen etwas ausrichten, wie das Thema meines Vortrages suggeriert? Sind Planung, Management und Gestaltung ausreichende Problemlösestrategien? Welches Gewicht haben die Vorgehensweisen? Wie wirken sie zusammen, oder wie können sie einzeln, je nach aktueller Aufgabenstellung eingesetzt werden?

Um die Antwort vorweg zu nehmen: Stadtplanung spielt sich zwischen allen drei Polen ab. Das bedeutet, daß jede Aufgabenstellung Planung, Management und Gestaltung in sich enthält, allerdings mit unterschiedlichem Bedeutungsgewicht.

Damit aber klar wird, was ich damit meine, werde ich im folgenden manchmal holzschnittartig und vielleicht überzeichnet Planung, Management und Gestaltung einzeln und im Kontext beschreiben.

Daß ich mich dabei teilweise stadtgeschichtlicher Beispiele bediene, soll verdeutlichen, daß Stadt sich nicht im leeren Raum abspielt, sondern auch vor dem Hintergrund der Geschichte gesehen werden muß.

2. Stadtbauwesen als komplexe Strategie

2.1 Zusammenhänge und Definitionen

Eine Stadt benötigt zu ihrer Bestandssicherung und Entwicklung
- ein *längerfristiges Konzept* (strategische Planung) der Allokation von Nutzungen im weitesten Sinne,
- ein *Konzept der Nutzungsorganisation,* mit dem die geordnete Nutzung der Stadt mit ihren (allozierten) Einrichtungen oder natürlichen Gegebenheiten ermöglicht wird,
- ein *Konzept der räumlichen Gestaltung* der städtischen Nutzungen – speziell der gebauten.

Es handelt sich hierbei jedoch nicht um drei Konzepte, sondern um die Beschreibung ein und desselben umfassenden Konzeptes.

Strategische Planung muß gleichzeitig bereits die Nutzungsorganisation, die man auch Management nennt, mit umfassen und ebenso Vorstellungen über die räumliche Gestaltung entwickeln.

Ebenso kann eine Gestaltungsaufgabe nicht ohne die planerischen Randbedingungen gelöst werden und nicht, ohne die Nutzungsorganisation (also das Management) mit ins Kalkül zu ziehen.

Natürlich stellen sich im Stadtbauwesen – je nach aktueller Ausgangslage – ständig neue Aufgabenstellungen, die Lösungen erfordern, zu denen Planung, Management und Gestaltung in unterschiedlicher Gewichtung beitragen.

Wenn im folgenden Planung, Management und Gestaltung jeweils getrennt herausgearbeitet werden, so geschieht das zur Verdeutlichung der jeweiligen Vorgehensweisen. Dabei wird jedesmal jedoch auch der Kontext mit den übrigen aufgezeigt.

2.2 Planung im Kontext

Planung wird als „systematischer rationaler Entwurf, der ein erwünschtes Ziel und dessen Verwirklichung gedanklich vorwegnimmt, statt sein Eintreffen dem Zufall oder seine Herbeiführung der Intuition zu überlassen" [3], verstanden.

Planung hat zur Voraussetzung, daß
- „die mitwirkenden Einflüsse mit hinreichender Wahrscheinlichkeit übersehbar sind *(Prognose)*" [3], man spricht von zumindest begründeten Vermutungen,
- „die zur Verwirklichung des Zieles notwendigen Mittel in der Verfügungsgewalt des Planers stehen" [3].

Die hier angesprochene Wahrscheinlichkeit des Eintreffens der Einflüsse ist eine ganz wesentliche Randbedingung. Sobald erkennbar wird, daß diese Einflüsse sich anders entwickeln, als in der Planung angenommen, müßte eigentlich die Planung revidiert werden. Wenn sie aber bereits in die Realität umgesetzt war, muß nun ein Management eingreifen, um durch eine geeignete Nutzungsorganisation den veränderten Ansprüchen zu begegnen.

Was sind das für Einflüsse, die bei der Planung berücksichtigt und vorhergesagt werden müssen?

Es sind in erster Linie *Nutzungsansprüche,* also Ansprüche der Bevölkerung an die Nutzung der Umwelt im weitesten Sinne. Hierunter sind auch Ansprüche an die Kommunikation zu verstehen. Die Nutzungsansprüche stellen sich als Bild der Gesellschaft dar. Eine archaische Gesellschaft war fest gefügt. Es gab eine allgemein verbindliche Wertordnung, aus der der Einzelne seine Nutzungsansprüche entwickelte. Diese änderten sich kaum oder nur sehr langsam. Die Vielfalt der Nutzungsansprüche war durch die Wertordnung sehr stark eingeschränkt.

Planung bedeutete die Organisation des Überlebens dieser Gesellschaft. Diese schloß gleichzeitig die Organisation des täglichen Zusammenlebens ein (Management). Planung reichte aus, da alle – auch die kurzfristigen – Entscheidungen unter dem Blickwinkel einer festgefügten Wertordnung getroffen wurden. Planung umfaßte also sowohl die Allokation von Einrichtungen wie deren Nutzung und Gestaltung. Planung, Management und räumliche Gestaltung waren integriert. Die Stadtgeschichte liefert dafür zahlreiche Beispiele.

Schon die Entstehung der Stadt bestand aus Planung, Management und Gestaltung. Stadt wurde möglich, als Nomaden begannen, sich arbeitsteilig zu organisieren (Planung und Management). Sie wurden seßhaft, betrieben systematischen Ackerbau und züchteten Vieh, da sie so ihre Überlebenschancen am größten sahen. Sie planten die Allokation ihrer Wohnungen, ihrer Ackerflächen, ihrer Weideflächen und sonstiger Flächen, die durch das Zusammenleben benötigt wurden. Die Funktion bestimmte die Organisation der Einrichtungen. Sie bestimmte ebenso ihre Form *(form follows function)*.

So kommt es nicht von ungefähr, daß die ältesten Städte bzw. Siedlungen wie z. B. Mohenjo Daro am Indus oder Tell as-Sawwan in Mesopotamien sich trotz der Unterschiedlichkeit der Kulturen sehr stark ähneln und daß Städte wie Ur in Mesopotamien bereits einen sehr modernen Grundriß hatten. Auch findet man Wohnsiedlungen wie Mohenjo Daro heute noch im mediterranen Raum.

Stimmen die Nutzungsansprüche nicht mehr mit dem Nutzungsangebot überein, so ist eine neue Situation geschaffen, die planerische Eingriffe erfordert, die aber auch mit Management bis zu einem gewissen Grade bewältigt werden kann. Planung hat vor allem die Aufgabe, das Auseinanderfallen von Nutzungsansprüchen und -angebot frühzeitig zu erkennen und entsprechende neue Angebote zu machen. Planung ist deshalb ein ständiger Prozeß.

Solange nun eine „statische" Gesellschaft nur in recht langen Zeiträumen ihre Wertvorstellungen ändert *und* Wertvorstellungen der einzelnen Bürger stark gebündelt sind, läuft Planung in großen Zyklen ab.

Treten jedoch plötzliche unvorhergesehene Ereignisse ein (z. B. Kriege, Aufstände, Revolutionen, Naturkatastrophen), muß durch Management eingegriffen werden, um größeren Schaden zu vermeiden (Schadensbegrenzung).

Eine solche Naturkatastrophe war z. B. im Mittelalter die Pest, die von 1348–1352 etwa ein Drittel der Bevölkerung Europas (ca. 20 Millionen) dahinraffte. In dieser unvorstellbaren Not pilgerten 1349 unzählige Menschen zur Zeigung der Heiligtümer nach Aachen. Karl IV. mußte seine Königskrönung, die gleichzeitig in Aachen stattfinden sollte, aufschieben, weil die Stadt und ihre Zufahrtswege hoffnungslos überfüllt waren. Ein Stau verhinderte also die pünktliche Königskrönung.

Danach war die Welt eine andere. Mit Management (ohne daß es damals so benannt wurde!) versuchte man, das Leben für die Überlebenden wieder in den Griff zu bekommen. Aachen vergrößerte seinen Dom und die Stadt, um künftig größerem Ansturm gewachsen zu sein. In vielen mittelalterlichen Städten fällt in dieser Zeit die Entscheidung zur Erweiterung, um einige wesentliche Ursachen der Pest – Enge, unzureichende hygienische Verhältnisse – zu beseitigen. Die

Nutzungsansprüche haben sich geändert: Planung, Management und Gestaltung wurden benötigt, um mit der neuen Situation fertig zu werden. Dennoch waren die Zeitläufte auch in der Folgezeit noch so gemächlich, daß das Management gegenüber der Planung zurücktrat.

Mit der Renaissance und der Reformation beginnt die Gesellschaft, die alten festgefügten Wertvorstellungen des Mittelalters zu verlassen. Eine Welt ist plötzlich im Umbruch. Neue Entdeckungen (Christoph Columbus) tun ihr übriges. Unruhe entsteht, die sich in Kriegen (Bauernkriegen) bis hin zum Dreißigjährigen Krieg mit seinen bekannten katastrophalen Folgen entlädt. Es gibt kaum erkennbare Planung. Management wird überall eingesetzt, ohne daß allgemein anerkannte Ziele erkennbar sind.

Dabei gibt es durchaus Planung, die sich aber praktisch nicht durchsetzen kann oder auch nur das Werk von Idealisten zum Entkommen aus dem Chaos ist. Im Städtebau versuchte man bereits während der Renaissance, idealtypische Gebilde zu entwickeln (z. B. Dürers Stadt des Königs (1527)), die zurückgehend auf Vitruv eine ideale Gemeinschaft von Menschen, teilweise mit pietistischen Zielsetzungen verbrämt *(urbs christiana)*, teilweise unter konkreten Zielsetzungen wie z. B. Hilfe für die Armen (Fuggerei), anstrebten. Die konkrete Zielsetzung konnte sich durchsetzen. Sie wurde verwirklicht. Gerade die Fuggerei kann als gutes Beispiel von Planung und Management dienen. Kurzfristig mußte dem Problem der Armut begegnet werden. Management mit Weitsicht war gefordert. Nutzungsallokation und Nutzungsorganisation lagen in einer Hand. Solange sich der Zweck eine Einrichtung nicht ändert, so lange ist keine Änderung von Planung nötig. Allerdings können sich immer wieder Management- und Gestaltungsaufgaben ergeben, wenn die Nutzungsansprüche sich ändern. Die Nutzungsansprüche der Bewohner der Fuggerei sind heute anders als bei der Gründung 1517. Deshalb ist heute ein anderes Management nötig als damals. Das gilt auch für die Gestaltung.

Zurück zum Städtebau: Das Ende des Dreißigjährigen Krieges verlangte einen Neuaufbau der Städte. Barocke und später klassizistische Städte entstanden. Ziele wurden von den Fürsten vorgegeben. Die Stadt wurde nach dem Willen des Fürsten geplant. Die Wertvorstellungen der Bürger hatten sich unterzuordnen. Nutzungsansprüche der Bürger konnten sich nur in bescheidenem Maße entfalten. Der feudalistische Städtebau stellt dabei keine Einheit dar. Es hing vom Fürsten ab, wie liberal es in seinem Lande zuging. Entsprechend zeichnet sich hier schon eine größere Vielfalt ab: vom strengen Ausgerichtetsein auf das Schloß (Karlsruhe) oder der Dominanz des Schlosses (Versailles) bis hin zu liberalen Formen, wie wir sie im heute leider noch arg zerstörten Dresden finden.

Diese Epoche wird abgelöst von dem, was wir heute das industrielle Zeitalter nennen. Wieder haben sich die Wertvorstellungen geändert, in deren Verlauf sich nun auch die Nutzungsansprüche ändern. Die mittelalterliche und feudale Klassengesellschaft geht in die industrielle über. Maschinen bestimmen fortan den Lebensablauf. Sie wirken sich auch auf die Stadt aus. Die Planung ist zunächst überfordert. Es wird verstärkt gemanagt, wie und wo die Menschen in den sich rasch vergrößernden Städten wohnen und arbeiten. Dann setzt wieder stärker Planung ein, um dem sich beim Management abzeichnenden Chaos in der Stadtentwicklung zu begegnen. Der wilden Bodenspekulation (z. B. in Berlin) wird planmäßiges Handeln, das teilweise durchaus selbstsüchtig von den Industriellen betrieben wird (Wohnsiedlung Elsaß), gegenübergestellt.

Trotzdem kann diese Planung nicht lange von Bestand sein, da sie auf ein einziges Ziel, „Deckung des Wohnungsbedarfs für eine Generation Arbeiter", ausgerichtet war. Die Diversifizierung der Industriegesellschaft mit ihren unterschiedlichen Nutzungsansprüchen wurde nicht beachtet oder konnte nicht beachtet werden. So werden die während der sogenannten Gründerzeit entstandenen Wohnungen und Stadtteile sehr bald als nicht mehr zumutbar empfunden. Neue Ideen entstehen, die sich in Genossenschaftssiedlungen, in Werkssiedlungen, im sozialen Wohnungsbau manifestieren.

Nach dem Zweiten Weltkrieg entwickelt sich eine *pluralistische* Gesellschaft, für die zunächst wieder Wohnraum geschaffen werden muß. Die Städte werden zögerlich wieder im alten Schema aufgebaut. Neue Wohngebiete entstehen nach der Leitidee der durchgrünten, aufgelockerten Stadt, wie sie in der Charta von Athen 1933 niedergelegt war. Mit dem Aufkommen des privaten Pkw ergibt sich eine neue Wende: Eine *mobile pluralistische* Wohlstands- und Informationsgesellschaft entsteht. Nutzungsansprüche ändern sich in immer schnellerem Tempo. Planung wird immer mehr durch Management ersetzt,
- da den Ansprüchen nicht durch – längerfristig zu planende – strukturelle Anpassung gefolgt werden kann,
- da längerfristige Ansprüche entweder nicht festzumachen sind oder
- da sie nicht konsensfähig in eine Planung eingebracht werden können (z. B. Umweltschutz).

Ist in unserer postindustriellen Gesellschaft Planung also gar nicht mehr möglich? Allein aus Gründen der Daseinsvorsorge wird Planung benötigt, ist es dringend notwendig, zu konsensfähigen Handlungen zu kommen. Die Problematik, daß jeder Einzelne versucht, vordergründig seinen eigenen Nutzen zu maximieren, könnte in der Tat dazu führen, daß Planung erst wieder im umfassenden Sinne betrieben wird, wenn das Management als Krisenmanagement dem drohenden Chaos nicht mehr entgegensteuern kann.

2.3 Management im Kontext

Es wurde betont, daß strategische Planung das Management umfaßt. Mithin ist Management allein nur kurzfristig ohne eine länger greifende Planung einsatzfähig, wenn es um Krisenbewältigung geht. Im Rahmen einer strategischen Planung hat das Management jedoch ein besonderes Gewicht. Welches ist diese besondere Aufgabe des Managements?

Management bedeutet als Funktion die „Vorbereitung, Durchsetzung und Überwachung von Ziel-Mittelentscheidungen" [3]. Das Lexikon meint hiermit, daß Planungsentscheidungen dem Management vorausgehen müssen. Das Management von Unternehmen bedient sich dabei der „unternehmerischen Gestaltungsfunktionen" [3], die im Falle der Stadt
- betriebliche,
- organisatorische,
- ordnungspolitische

Maßnahmen – einzeln oder in Kombination – ausmachen.

Hierunter versteht man Handlungen, die den Betrieb eines Systems (z. B. Stadt, Stadtverkehr) beeinflussen, und die geeignet sind, erkannte oder zu erwartende Probleme des Systems zu beheben. Eine der bekanntesten Maßnahmen dieser Art ist die Lichtsignalsteuerung, die knapp verfügbaren Raum nach bestimmten Kriterien optimal den Nachfragern zuzuweisen versucht. Als Zielsetzungen bieten sich hierbei etwa an:
- Erhöhung der Verkehrssicherheit,
- Erhöhung der Leistungsfähigkeit,
- Verbesserung der Wirtschaftlichkeit,
- Verbesserung des Umweltschutzes.

Die Erfüllung dieser Zielsetzungen kann mit entsprechenden Kriterien gemessen werden. Anhand der Aufzählung wird jedoch deutlich, daß sich die Zielsetzungen nicht alle gleichzeitig und gleichmäßig erreichen lassen. Die Zielsetzung „Erhöhung der Leistungsfähigkeit" kann beispielsweise der nach „Verbesserung des Umweltschutzes" zuwiderlaufen. Es muß also ein Kompromiß gefunden werden, den derjenige bestimmt, der die Lichtsignalsteuerung an einem (oder mehreren) Knoten optimieren soll.

Besonders wirksame Management-Maßnahmen im Stadtverkehr zur Verbesserung der Akzeptanz des öffentlichen Personennahverkehrs (ÖPNV) sind Beschleunigungsmaßnahmen im ÖPNV, die mit Restriktionen gegenüber dem privaten Pkw (z. B. Einschränkung des Parkens, Einrichtung von Pförtneranlagen) einhergehen. Hierbei wird eindeutig dem Ziel des Umweltschutzes Vorrang vor bestimmten Ansprüchen zur Erfüllung der Auto-Mobilität gegeben. Hier findet Management unter Bevorzugung einer bestimmten Zielsetzung statt, wenn es sich im Rahmen des Gesamtentscheidungsprozesses gegenüber den sonstigen Ansprüchen durchsetzen kann.

Die Erfolge sind bekannt. Nur in Städten, in denen ein hervorragendes ÖPNV-Angebot vorhanden ist – wie z. B. in Hamburg –, wird tatsächlich der ÖPNV stärker genutzt. Andere Städte, die solche Pläne hegen, haben es bei der Realisierung der Bevorzugung des ÖPNV wesentlich schwerer. Meistens ist das Leistungsangebot des ÖPNV nicht ausreichend nach Raum und Zeit verfügbar und unter Kostengesichtspunkten auch nur schwerlich so zu verbessern, daß es als echtes Alternativangebot vom Bürger angesehen wird. Damit wird durch stark restriktive Maßnahmen im Individualverkehr die Zugänglichkeit der Innenstadt objektiv verschlechtert, wodurch die entsprechende Lobby sofort auf den Plan gerufen wird, die weiterhin die freie Auto-Zugänglichkeit der Innenstadt fordert, die zu Zeiten besonderer Nachfrage eigentlich sowieso nicht mehr gegeben ist.

Damit kein Mißverständnis entsteht: Es geht *nicht* darum, das Auto in Innenstädten nicht mehr zuzulassen. Es muß aber eingesehen werden, daß ein sorgsamerer Umgang mit dem Auto nötig ist, um
- die Umwelt in Städten zu entlasten,
- nicht noch mehr Flächen in den Städten, speziell in den Innenstädten, für den ruhenden und fließenden Verkehr bereitstellen zu müssen,
- die Zugänglichkeit der Innenstädte weiterhin aufrechterhalten zu können und nicht dem Verkehrsinfarkt zu erliegen,
- die „abwechslungsreiche, überraschende, unübersichtliche, die wohlgestalt wirre, unverwechselbare Stadt, die man liebt, die man auch als architektonisches und als ein *raffiniertes räumliches Ereignis* zu erleben gelernt hat" [1], nicht zu verlieren.

Ein sorgsamerer Umgang mit dem Auto bedeutet bewußteres Handeln des Einzelnen. Dazu müssen ihm die Zielsetzungen zum Handeln bewußt gemacht werden. Bewußtsein ergibt sich aus einem Prozeß ständigen Umwelterlebens und der Reflexion darüber. In einer Umwelt der pluralistischen Egoismen haben gesamtgesellschaftliche Zielsetzungen jedoch einen schweren Stand. Management bedeutet daher auch Bewußtmachung von Umweltzuständen, sei es mit betrieblichen, organisatorischen oder ordnungspolitischen Maßnahmen oder mit Public Relations, um die Maßnahmen besser „verkaufen" zu können. Dem Stadtplaner steht ein ganzes Arsenal solcher Management-Maßnahmen im Verkehrssektor zur Verfügung, die je nach Situation mehr oder weniger zwingend wirken. Da Zwang verpönt ist, versucht er es zunächst mit „weicheren" Maßnahmen.

Die Einrichtung von Tempo-30-Zonen ist eine solche Maßnahme zur
- Reduzierung von Umweltbelastungen,
- Erhöhung der Verkehrssicherheit,
- Verminderung der Trennwirkung von Straßen.
Diese Maßnahme wird dem Autofahrer nicht eindringlich genug dargestellt. Also
hält er sich nicht an solche Vorschriften. Das Ergebnis ist relativ klar:
- nur geringfügige Senkung des Geschwindigkeitsniveaus,
- kaum meßbare Veränderungen in der Verkehrssicherheitssituation.
Der nächste Schritt des Managements bedeutet mehr Zwang, erzielbar durch bau-
liche Maßnahmen wie z. B.
- Einengungen,
- Schwellen,
- Verschwenkungen der Fahrbahnen,
- Verkehrsinseln,
- Pflaster,
- Straßensperrungen.
Es handelt sich hierbei um Maßnahmen, die allesamt schon bei der „Verkehrs-
beruhigungswelle" angewandt wurden. Sie werden vom Autofahrer als Schika-
nen empfunden. Der Städtebau sieht in diesen Maßnahmen ebenfalls keine Berei-
cherung des Wohnumfeldes. Der Begriff „Der gemordeten Stadt II. Teil" [4]
kommt auf.

Ein weiterer Schritt in Richtung Zwang kann die Steuerung mit Hilfe des
Geldbeutels sein, indem das Autofahren wesentlich teurer gemacht wird. Dieses
ist eine äußerst unpopuläre Maßnahme, der mit sozialen Argumenten („Den
Ärmeren soll das Autofahren verboten werden") ebenso wie mit wirtschaftlichen
(„Das kostet Arbeitsplätze") begegnet wird.

Vorläufig werden deshalb noch andere Wege beschritten, obwohl man lang-
sam beginnt, etwas intensiver über Kosten nachzudenken, die das Auto in der
Umwelt verursacht. Umweltkosten werden dem Autofahrer in Zukunft verstärkt
auferlegt werden. Bedeutet heute das Fahren eines Autos mit Katalysator noch
Steuerbefreiung, so wird das Fahren ohne Katalysator sehr bald mit höheren
Steuern belegt. Im Augenblick ist auch das Fahren zur Arbeit mit dem Auto
noch von der Steuer absetzbar; eine Politik, die nicht auf den einschränkenden
Gebrauch des Autos ausgerichtet ist. Auch hier wird zur Förderung des öffentlichen Nahverkehrs in Zukunft mit einer Änderung in der Steuergesetzgebung
zu rechnen sein.

Bevor man jedoch an der ordnungspolitischen Schraube weiterdreht, sind
neben den betrieblichen und organisatorischen Maßnahmen des Managements
bauliche Änderungen von Anlagen in der Stadt zu nennen, bei denen die Gestaltung eine besondere Rolle spielt.

2.4 Gestaltung im Kontext

Gestaltung bedeutet, Dingen eine Gestalt oder Form zu geben. Die Gestalt ist im aristotelischen Sinne ein „einheitlicher, aus den Teilen nicht erklärbarer Zusammenhang". Der griechische Begriff für Gestalt, *morphe,* und der lateinische, *forma,* deuten an, was im Lexikon [3] als „anschauliche, umgrenzte, mehr oder weniger gegliederte und in sich abgeschlossene Einheit der Erscheinung eines Gegenstandes, die konkret mit den Sinnen erfaßt wird", beschrieben ist.

„Die Gestalt stellt eine über die quantitative Zusammensetzung der in ihr umschlossenen Teile hinausgehende, qualitativ neue Einheit dar" [3]. In diesem Sinne sind Gestalt und Ganzheit Synonyma. Gestalt bedarf bei aller Vielfalt und Vielschichtigkeit *einer* Grund*idee,* sei es

- die der Verherrlichung Gottes in einem Dom mit der Vielzahl der über Jahrhunderte zur Gesamtheit zusammengesetzten Einzelteile (z.B. Aachener Dom), oder
- die Idee einer Stadt als Ort für den Austausch von Informationen, Meinungen und Gütern, wobei man gleichzeitig dazu den Segen der Götter benötigte, was sich in entsprechenden Anlagen (z. B. Forum Romanum) niederschlug, oder
- die Idee eines Versammlungs- und Anbetungsplatzes (z. B. Petersplatz), oder
- die Idee eines Versammlungsplatzes in einem demokratischen Gemeinwesen (z. B. Siena), oder
- die Idee, einer Stadt einen besonderen Schmuck in Form eines Straßenzuges und Platzes zu geben: Schmuckplatz (z. B. Tuillerien und Champs Elysées in Paris).

Wenn wir heute Gestalt in Wohngebieten, in Innenstädten, bei öffentlichen Gebäuden oder für die ganze Stadt fordern, von welchen Ideen gehen wir aus?

Es ist bezeichnend, daß unsere sogenannte postmoderne Architektur sich in Zitaten erschöpft! Es fehlt die eigene Idee! Welche Idee steckt hinter der Neuen Staatsgalerie von James Stirling in Stuttgart? Oder welche Idee soll man in einem Klinikum wie Aachen vermuten? Hier gilt weder *form follows function* noch das strenge *less is more* eines Mies van der Rohe. Ist im Trump-Tower eine Idee zu finden, oder ist die eigentliche Idee nur die der Kapitalanlage, wobei es um die Maximierung von Effekten (Show) geht, durch die dem Zuschauer oder Nutzer suggeriert werden soll, eine wie wichtige Person er doch sein muß, daß ihm ein solch einmaliges Gebäude nur Nutzung zur Verfügung steht.

Es ist keine Leitidee mehr zu erkennen, es sei denn die einer gewissen momentanen Originalität. In manches ist gar eine Leitidee hineingeheimnist worden, wie z.B. bei der Syndey Opera (Seemuschel) oder beim Sydney Tower (Captain Cooks Ausguck). Dieses reicht jedoch in der Stadtplanung nicht aus. Originell waren auch die ersten Poller, mit denen Fahrzeuge von den Gehwegen der Fußgänger vertrieben werden sollten. Von städtischer Gestaltung wagt dabei sicher keiner zu reden.

Es soll hier nicht einer globalen Leitidee für die Stadtgestaltung das Wort geredet werden, nach der Architekten und Städteplaner permanent fahnden. So hat Hans Adrian, der Stadtbaurat von Hannover, z. B. folgende Typen ausgemacht:
„– Die gesunde Stadt.
 – Die verkehrsgerechte Stadt.
 – Die Stadt der Wirtschaft (Thatcher Town).
 – Die gemütliche Stadt (Sweetheart City).
 – Die ökologische Stadt (Lupinoville).
 – Die Architektenstadt (Klotztown).
 – Die Stadt der Institutionen und Funktionäre (Administrowgograd).
 – Die heterogene Stadt (Collage-City)" [12].
Dieses alles wären keine Städte, in denen sich zu leben lohnte.

Es gibt die Leitidee dennoch als alte überkommene Idee der europäischen gewachsenen Stadt. Ihre Gestalt hat durch Sanierung und die freie Nutzung des Autos gelitten. Alte Stadtteile sind maßstäblich „verwüstet" worden. Dörfer wurden eingemeindet und in Schlafsiedlungen umgewidmet; neue Stadtteile entstanden auf der grünen Wiese, oft weder ästhetisch noch sozialverträglich noch umweltverträglich.

Ihre Leitidee war es, ausreichenden Wohnraum zu tragbaren Miet- und Kaufpreisen zu schaffen; also Management der Wohnungsnot, ohne besonderen Wert auf räumliche Gestaltung zu legen. Da sich mittlerweile die Bedürfnisse der dort wohnenden Menschen geändert haben, bilden solche Siedlungen (z. B. Großsiedlungen der sechziger und siebziger Jahre) heute besondere Probleme, denen man erneut mit Management zu begegnen sucht.

Die Städte haben teilweise ihre Gestalt verloren; sie sind zu amorphen Agglomerationen geworden, denen die Leitidee abhanden gekommen ist, trotz einer „Ideenvielfalt" in bezug auf manche Einzelglieder.

Um es ganz klar zu sagen: Eine Leitidee schließt nicht die Nutzungsvielfalt aus. Eine Stadt wird durch Nutzungsvielfalt erst interessant. Die Vielfachheit der Einzelteile macht in der Regel eine Gestalt aus. Gerade wenn die Vielfachheit abnimmt und in Monotonie entartet, wird die Gestalt uninteressant, um nicht zu sagen: häßlich.

Zur Gestalt gehört noch ein weiteres Attribut, die Unverwechselbarkeit. Eine Gestalt wird sofort identifiziert, wenn sie „einmalig" ist. Sie spiegelt in diesem Sinne den *genius loci* wider.

Eine *bestimmte* Gestalt ist daran zu erkennen, daß sie nicht ubiquitär ist. Nachahmungen fallen daher unter die Rubrik Kitsch. Demnach gibt es keine Standard-Gestalt für eine Stadt, einen Stadtteil, ein Wohngebiet, einen Straßenraum, einen Platz. Jede Situation ist so zu gestalten, daß sie in eine Einheit eingepaßt und damit einmalig und unverwechselbar ist.

Das schließt natürlich nicht aus, daß es bestimmte Elemente der Gestaltung gibt, mit denen Gestalt geschaffen wird. Erschöpft sich aber der Gestaltungsprozeß in einer mehr oder weniger schematischen Aneinanderreihung solcher Elemente, muß man von einer Verunstaltung sprechen, da ein solcher Vorgang räumlich beliebig austauschbar wäre. Multiplizität führt zu einer städtebaulichen Klonierung, die mehr als langweilig ist und mit Gestaltung nichts mehr zu tun hat. Beispiele solcher städtebaulichen Klone finden sich leider allzu häufig. Betrachten Sie nur viele unserer Innenstädte, die sich kaum mehr in ihren Einkaufsbereichen unterscheiden lassen, wenn nicht hin und wieder ein unverwechselbares Gebäude (wie z. B. eine Kirche, ein Rathaus) eine Identifikation ermöglichte.

Verdienen wir also keinen besseren Städtebau, wenn private Nutzenmaximierung vorherrscht?

2.5 *Zwischen Leitidee und Utopie*

Ich meine schon, daß der Städtebau der allgemeinen geistigen und sozialen Verarmung entgegenwirken kann und muß, indem wieder mehr Gewicht auf die Gestaltung gelegt wird. Das ist in räumlicher und ästhetischer Hinsicht gemeint. Gestaltung beginnt bei der Wohnung, geht über die Gestaltung der Straße, des Straßenraumes und die Gestaltung von Raumfolgen bis hin zur gesamten Stadtgestalt als „raffiniertem räumlichem Ereignis" [1]. Dabei sind unsere Leitideen aus einer Verknüpfung der Ansprüche der Bürger (Selbstverwirklichung) mit denen aus der allgemeinen Daseinsvorsorge zu entwickeln.

Die allgemeine Daseinsvorsorge läßt uns Zielsetzungen im Hinblick auf Umweltschutz mehr Bedeutung zumessen. Daseinsvorsorge bedeutet auch, daß wir uns der Schäden der Vergangenheit möglichst schnell annehmen (Altlastenbeseitigung); bedeutet auch eine Besinnung auf die Geschichte, was für die eigene Identität jedes Einzelnen von besonderer Bedeutung ist.

Hieraus ergibt sich für uns die Leitidee einer überschaubaren gegliederten Stadt mit mehr oder weniger großer geschichtlicher Tradition, einer europäischen Stadt, in der alle Funktionen ihren Platz haben (Nutzungsvielfalt), und die möglichst unverwechselbar sein soll.

Es ist bezeichnend, daß, wenn man über Unverwechselbarkeit spricht, diese fast immer an historischen Gebäuden festgemacht wird. Sie dienen dem Bürger als wesentliche Identifikation mit ihrer Stadt. So können beispielsweise Aachener und Kölner über ihre Dome in Streit geraten. Der Aachener gibt dann gerne zu, daß der Kölner Dom größer ist, aber schöner und bedeutender ist doch der Aachener Dom.

Im weitesten Sinne ist diese Identifikation mit dem Begriff Heimat identisch. Er bedeutet eine emotionale Bindung des Bürgers an seine Stadt, die äußerlich durch bestimmte Identifikationspunkte bestimmt ist. Der anonyme Städtebau nach dem Zweiten Weltkrieg war nicht gerade dazu angetan, dieses Heimatgefühl zu stärken.

Städtebau ist also – auch heute – gefordert, durch Gestaltung dazu beizutragen, die emotionale Bindung des Bürgers zu stärken, da nur so erreicht werden kann, daß aus einer Gruppe von Egoismen eine Gesellschaft entsteht.

Es darf und muß wieder origineller geplant und gestaltet werden, als es in der Vergangenheit z. B. unter dem Zwang, leistungsfähige Autostraßen zu schaffen, geschehen ist. Die Gesamtheit der Ansprüche ist zu sehen. Dann kommen auch Radfahrer, Fußgänger, spielende Kinder, verweilende oder sich ausruhende Menschen zu ihrem Recht.

Wie macht man das? Ein Patentrezept gibt es genauso wenig wie eine Standardlösung. Diese muß *per definitionem* von vornherein ausscheiden. Die Vorgehensweise ist eine Mischung aus Planung, Management und Gestaltung. Dabei darf nicht einer Utopie nachgehangen werden.

Natürlich müssen Kompromisse geschlossen werden, wenn man überhaupt etwas erreichen will. Häufig ist ein schlechterer Kompromiß, der verwirklicht wird, besser als eine hervorragende Utopie.

3. Ein Beispiel

Einen solchen Kompromiß stellt auch eine Planung für eine kleine Stadt dar, die wir in jüngster Zeit durchgeführt haben. Diese Stadt von ca. 6000 Einwohnern in ihrem Kern ist ein historisches Städtchen ohne allzu viele hervorragende Baudenkmäler. Die Stadt ist ein lebendiges Gemeinwesen, das durch eine Verkehrsader durchschnitten wird. Gleichzeitig ist die Straße die Haupterschließungsstraße der gesamten Stadt und auch ihre Hauptgeschäftsstraße.

Eine solche Stadt kann mit Managementmaßnahmen der Flut der Autos nicht Herr werden, da ca. 80% des gesamten Verkehrs Durchgangsverkehr ist. Es hilft also nichts, auf eventuell zu erwartende Verkehrsrückgänge – die im übrigen auch nicht abzusehen sind – zu warten. Stadtgestaltung wird erst möglich, wenn durch entsprechende Planung der Durchgangsverkehr eliminiert wird. Dieses geht nur mit Hilfe einer Umgehungsstraße. Aus Landschaftsschutzgründen sind hiergegen allerdings starke Bedenken einzubringen, so daß Menschenschutz gegen Landschaftsschutz steht.

Mit Variantenuntersuchungen kann man die Kompromißlösung finden, die sowohl die Verkehrsentlastung im Innern schafft und gleichzeitig die Eingriffe in die Landschaft gering hält.

Die Umgehungsstraße muß nun in die gesamte Ortsgestaltung mit einbezogen werden. Von der zeitlichen Verwirklichung hängt auch die Gestaltung im Stadtkern ab. Vorab ist jedoch zu klären, wie sich die Verkehrsströme in der Stadt selbst verhalten. Welche Wege werden zu Fuß oder mit dem Fahrrad erledigt? Hiervon hängt im wesentlichen Maß die Gestaltung des Fuß- und Radwegenetzes ebenso ab wie die Nachfrage nach Stellplätzen, deren Allokation ein besonderes Problem der Gestaltung ist. Planung und Gestaltung greifen hier also stark ineinander. Auch das spätere Parkmanagement muß dabei bereits bedacht werden; denn die schönste Planung und Gestaltung nutzt wenig, wenn sie an den Bedürfnissen vorbeigeht.

So ergibt sich nach Berechnungen, Planungsüberlegungen in Form von Variantenuntersuchungen, Beteiligung von Bürgern, Verwaltung und Politikern
- ein Konzept für das Radwegenetz, das die Besonderheiten der Stadt (ein Drittel der Stadtfläche besteht aus Natur- und Landschaftsschutzgebieten, ein interessanter Stadtkern gibt der Stadt eine sichtbare Mitte) aufgreift und diese den Radfahrer erleben läßt;
  ein Konzept für die Gestaltung des Ortskerns, speziell der alten Ortsdurchfahrt:
  a) Der ablesbare Straßenraum wird wieder betont, damit „unsere Straßen nicht voller Abwesenheit sind“;
  b) der gewünschten Nutzungsvielfalt (ruhender Verkehr, Radverkehr, Fußgängerlängsverkehr, Aufenthaltsmöglichkeiten und Geschäftsnutzung) wird Rechnung getragen;
  c) Raumfolgen werden wieder erlebbar gemacht;
  d) Trennwirkungen werden abgebaut (Fußgängerquerverkehr);
- ein Konzept für die beste Führung der Umgehungsstraße mit städtebaulicher Anbindung.

Jedes dieser Einzelkonzepte ist naturgemäß nur im Gesamtzusammenhang entwickelt worden. Jedes Konzept verdiente auch einzeln angesprochen und näher erläutert zu werden. Dieses würde aber einen ganzen Vortrag füllen, weshalb ich es mir hier versagen muß.

4. Konsequenzen

Stadtplanung als Prozeß zwischen Planung, Management und Gestaltung bedeutet für den Stadtplaner:
- die Situation genau zu analysieren; dazu gehört es, den *genious loci* ebenso aufzuspüren wie die Wünsche und Meinungen der Bürger, Politiker und der Verwaltung kennenzulernen; hierzu steht ihm ein Instrumentarium von Zähl-, Meß-, Beobachtungs-, Befragungs- sowie Auswerte- und Analyseverfahren zur Verfügung, das ständig weiterentwickelt werden muß;
- mit Ideen (Lösungen) den entdeckten vorhandenen oder zu erwartenden Problemen zu begegnen; hierzu steht ihm seine eigene Erfahrung und seine Kreativität zur Verfügung;
- die Wirkungen der Lösungen in allen interessierenden Bereichen aufzuzeigen; hierzu steht ihm wieder ein umfangreiches Instrumentarium zur Verfügung, mit dem Wirkungen quantitativ oder qualitativ beschrieben werden können. Dabei kommt es vor allem darauf an, daß gerade die nicht quantitativ angebbaren Wirkungen mit Sorgfalt herausgearbeitet werden, damit nicht die quantitativen Ergebnisse die Lösungen bestimmen; hier hat sich das Hilfsmittel CAD als besonders zukunftsträchtig erwiesen;
- die sich als konsensfähig herausgestellte Lösung in die Realität umzusetzen und in ihren Wirkungen zu überwachen.
- Stellt sich heraus, daß andere Wirkungen als die vorher berechneten oder abgeschätzten eintreten, muß die Lösung vor dem Hintergrund der ursprünglichen Zielsetzung weiterhin danach bewertet werden, ob sich ein erneuter Handlungsbedarf (z.B. für ein entsprechendes Management) ergibt.

Diese sehr kurz gefaßte und daher nicht differenzierte Beschreibung der Tätigkeit des Stadtplaners oder des Tätigkeitsfeldes im Stadtbauwesen deutet die Vielfältigkeit der Tätigkeiten und Aufgaben nur an. Vielleicht ist es mir gelungen, die Bedeutung dieser Tätigkeit ein wenig herauszuarbeiten, damit die Stadt auch weiterhin als „raffiniertes räumliches Ereignis" erlebt werden kann und nicht als Agglomeration gestaltloser Gestalten die Landschaft verunziert.

Literatur

[1] Sack, M.: „Stadt unterm Rad – Letzte Versuche, unsere Städte vor den Autos zu retten". Die Zeit Nr. 48, 25. 11. 1988.
[2] Albrecht, J.: „Droge Auto – Ein Fahrbericht". Die Zeit Nr. 47, 18. 11. 1988.
[3] Autorenkollektiv: „Der Große Brockhaus", 18. völlig neubearbeitete Auflage 1978. F. A. Brockhaus, Wiesbaden.
[4] Angress, G., Niggemeyer, E.: „Die verordnete Gemütlichkeit – Abgesang auf Spielstraße, Verkehrsberuhigung und Stadtbildpflege; Der gemordeten Stadt II. Teil"; mit Essays von Wolf Jobst Siedler. Quadriga Verlag J. Severin 1985.
[5] Autorenkollektiv: „Vergessene Städte am Indus – frühe Kulturen in Pakistan vom 8. bis 2. Jahrtausend v. Chr.". Verlag Ph. von Zabern, Mainz 1987.
[6] Autorenkollektiv: „Sumer, Assur, Babylon – 7000 Jahre Kunst und Kultur zwischen Euphrat und Tigris". Verlag Ph. von Zabern, Mainz 1978.
[7] Maas, W.: „Der Aachener Dom". Greven Verlag, Köln 1984.
[8] Forschungsgesellschaft für Straßen- und Verkehrswesen (Hrsg.): „VSM – Verkehrs-System-Management". Bericht 1986, Köln.
[9] Egli, E.: „Geschichte des Städtebaus". 2 Bände, Zürich 1959 und 1962.
[10] Grassnick, M. (Hrsg.): „Stadtbaugeschichte von der Antike bis zur Neuzeit". Vieweg Verlag, Braunschweig/Wiesbaden 1982.
[11] Schuster, G.: „Über Plätze …". Eigenverlag Institut für Städtebau, Wohnungswesen und Landschaftsplanung. TU Braunschweig 1988.
[12] Adrian, H.: „Spielräume der Planung". BDB-Kongreß '88 „Stadtgestaltung – bürgernah!", Bonn 1988.

Diskussion

Herr Fettweis: Herr Ruske, Sie haben die Sucht nach Originalität angeprangert. Ich stimme Ihnen da voll zu. Das ist freilich keine spezielle Frage der modernen Architekten, sondern eigentlich eine Frage der modernen Kunst überhaupt, bei der es nicht mehr darauf ankommt – in vielen Fällen zumindest –, etwas ästhetisch Ansprechendes zu erzeugen, sondern nur einen Gag, um es einmal so auszudrücken, zu finden, mit dem man sich von allen anderen unterscheiden kann.

Andererseits haben Sie die Unverwechselbarkeit als ein besonderes Ziel hingestellt, und da liegt die große Schwierigkeit. Die Sucht nach Originalität erwächst ja gerade daraus, daß wir, sehr zu Recht, Unverwechselbarkeit verlangen.

Ich weiß auch nicht, wie man letztlich aus diesem Dilemma herauskommt, aber man muß doch sehr vorsichtig sein, weil das zweite genau das erste erzeugt. Eine der Schwierigkeiten liegt darin, daß diejenigen, die mit moderner Kunst oder Architektur, Stadtgestaltung usw. befaßt sind, in einer Zeit leben, in der – etwa im naturwissenschaftlichen Bereich, in dem die meisten der hier Anwesenden tätig sind – Originalität ganz besonders hoch angesetzt wird. Nobelpreise werden nicht verliehen, weil jemand einen besonders großen Überblick hat oder ein besonders umfangreiches Wissen in seinem Fach besitzt, sondern weil er eine Entdeckung gemacht hat, die außerordentlich wichtig ist, auch wenn vielleicht die intellektuelle Leistung, die erforderlich war, nicht so groß war wie bei anderen Arbeiten.

Dies färbt auf andere Bereiche ab, insbesondere auf Kunst usw., und man hat manchmal den Eindruck, daß dort krampfhaft versucht wird, um jeden Preis sich an diesen Wunsch nach Originalität, wie er aus den naturwissenschaftlichen Bereichen erwachsen ist, anzuhängen und Erfolg bei der Suche nach Originalität zu haben, sei es schließlich, daß man einfach ein Knäuel Fett in eine Ecke schmeißt, wobei nachher noch versucht wird, durch ein Gerichtsverfahren größere Geldbeträge aus der Staatskasse und damit letztlich aus der Tasche des Steuerzahlers herauszupressen, weil irgendeine Reinigungsgesellschaft diesen scheinbaren Dreckfleck ohne entsprechende Genehmigung beseitigt hatte.

Herr Ruske: Wenn ich so verstanden worden bin, daß Originalität keinen Stellenwert hat, dann bin ich falsch verstanden worden. Ich will es einmal so umschreiben: Originalität in jedem Fall, aber Originalität am richtigen Ort. Ich habe mehrmals den Ausdruck *Genius loci* gebraucht. Das heißt: Ich kann nicht an irgendeiner Stelle einfach der Originalität willen irgend etwas machen. Das nenne ich *Sucht* nach Originalität. Originalität wird jedoch benötigt, um Unverwechselbarkeit herzustellen, aber an dem Ort, wo ich gerade bin, wo ich gerade arbeite. Ich habe vorhin die Originalität ohne den Ortsbezug gemeint. Originalität ist also in keinem Fall auszuschließen, ganz im Gegenteil: Planung, Gestaltung ohne Originalität ist nicht möglich – sonst wird es nicht unverwechselbar. Aber es muß am richtigen Ort sein.

Es war beispielsweise nach dem Kriege oftmals so, daß man es in kleinen Bauerndörfern, weil dort gerade Platz war, für nötig befunden hat, Wohnhochhäuser hinzusetzen. Dem hat man, aus welchen Gründen auch immer – weil vielleicht gerade ein Investor da war –, stattgegeben. Ortstypisch ist dieses also nicht, originell ist es sicherlich auch nicht, selbst wenn sich der einzelne Architekt originelle Ideen hat einfallen lassen, die aber in dem örtlichen Zusammenhang Schnickschnack sind.

Originalität muß mit dem jeweiligen Ort eine Symbiose eingehen. Es hilft Ihnen nichts, wenn Sie irgendwelchen physikalischen Gesetzen nur mit Originalität nachfahnden. Da hilft Ihnen eine Originalität etwa in bezug auf einen künstlerischen Entwurf zum Beispiel gar nicht, sondern Sie müssen Originalität in bezug auf den Zweck, auf das Ziel einsetzen.

Wenn Sie Beuys ansprechen, so hatte die Reinigungsfirma den Kontext: Fett in der Wanne paßt nicht; also muß es weg, es muß sauber sein. Wenn Sie die Wanne in irgendeinen anderen Zusammenhang stellen, kann das ja vielleicht originell sein. Aber überall ist das sicherlich nicht originell, und insofern ist das ein Problem geworden.

Herr Selten: Manche Passagen Ihres Vortrages hörten sich so an – vielleicht haben Sie es nicht so gemeint –, als trete die Stadtplanung einem Bösewicht entgegen, nämlich dem privaten Eigennutz, der individuellen Nutzenmaximierung, und sei diesem Bösewicht gegenüber andauernd bestrebt, das Gemeininteresse durchzusetzen.

Nun sehen wir aber, daß manche der abschreckenden Beispiele, die Sie uns gezeigt haben, wie zum Beispiel das Märkische Viertel, gar nicht das Produkt der privaten Nutzenmaximierung sind, sondern einer konsequenten Stadtplanung.

Auch die Idee der autogerechten Stadt war ja eine stadtplanerische Idee, und es scheint mir, daß viele der ungünstigen Beispiele, die wir heute in Städten finden können, eher auf planerische Übertreibungen als auf private Nutzenmaximierung zurückzuführen sind.

Herr Ruske: Da muß ich Ihnen widersprechen. Mit privater Nutzenmaximierung – ich habe das ja gesagt: Auch der Planer macht so etwas – meine ich nicht nur den Privatmann, der seinen Nutzen maximiert. Zu privater Nutzenmaximierung gehört genauso, daß eine Gesellschaft, daß eine Firma ihren Nutzen maximiert. Ich muß hier ganz deutlich sagen, daß das natürlich auch Städteplaner mitgemacht haben. Es wurden Städte, Siedlungen geplant, die aber zunächst einmal dem Ziel dienten – und das ist überhaupt nicht verwerflich –, möglichst viel Wohnraum billig herzustellen. Daß dabei die Gesellschaften, die das gebaut haben, das Ziel hatten, möglichst viel Gewinn damit zu machen, ist ein anderes Problem. Das ist die private Nutzenmaximierung. Hier ist aber das Ziel einer, wie ich jetzt einmal sagen möchte, menschengerechten Stadt aus den Augen verloren worden bzw. es kam nicht zum Tragen, weil die finanziellen Bedingungen eines billigsten Wohnungsbaues erfüllt werden mußten.

Zum Begriff der autogerechten Stadt muß ich noch etwas anmerken. Reichow hat das nie so gesagt. Dieser Begriff der autogerechten Stadt wird nun schon seit einiger Zeit in den Medien und von bestimmten Gruppen so dargestellt, als hätten Planer – in diesem Fall Herr Reichow, der Architekt – eine autogerechte Stadt geplant.

Zunächst einmal war die Idee die der aufgelockerten Stadt mit einem Verästelungssystem. Er hat sogar von einer organischen Stadt gesprochen, in der sich die Straßen genauso wie die Blutgefäße im Körper langsam wie in einem Baum nach außen hin verästeln. So sollte organischer Städtebau sein. Daß man da natürlich auch mit dem Auto fahren kann und daß die Siedlung Sennestadt dann autogerechter ausgebaut wurde, hat daran gelegen, daß man wieder Gesichtspunkten wie Leistungsfähigkeit, Verkehrssicherheit und auch Wirtschaftlichkeit mehr Gewicht beigemessen hat, als man das heute tut. Heute sind wir da vorsichtiger. Deswegen kann man das gar nicht verurteilen, weil es Zielsetzungen wie z.B. den Umweltschutz damals noch nicht gab. Diese Zielsetzungen konnte man vielleicht vorherahnen. Ich persönlich meine, man konnte es nicht. Daß man aber, nachdem jetzt einige allgemeine Zielsetzungen erkannt sind, wesentlich mehr machen könnte, als man tut, ist auch klar.

Herr Kneller: Eine Frage direkt in dem Zusammenhang: Ist es nicht eine bedenkliche Feststellung, wenn man sagt, daß sich im Städtebau die Anforderungen sehr rasch ändern? Schon der Bau eines Hauses ist doch meistens eine längerfristige Sache, und der Bau einer Stadt ist das erst recht. Wäre denn ein funktionsgerechter Städtebau erst dann gewährleistet, wenn man leicht auswechselbare Klötzchen verwenden und die Straßen mit einem Reißverschluß versehen würde?

Herr Ruske: Ja, sehr gut. Im Grunde genommen haben Sie recht, und wenn Sie einmal darauf achten, was gemacht wird, dann arbeitet man genau so, nur daß die Wohnungen nicht so einfach demontierbar sind. Aber wenn Sie selber einmal gebaut haben oder Leute beobachten, die ein Eigenheim gebaut haben, dann werden Sie feststellen, daß es maximal zehn Jahre lang gutgeht. Spätestens dann beginnt man, im Inneren umzuorganisieren, also Management zu betreiben, irgendwie die Wohnung zu verändern, die einzelnen Zimmergrößen zu ändern usw.

Und mit den Straßen machen wir es heute genauso. Natürlich bestand erst einmal die Notwendigkeit, möglichst leistungsfähige Straßen zu erstellen. Aber Le Corbusier hat einmal gesagt: „Das Auto ist ein Traum, doch ein Traum mal eine Million ist Chaos." Heute sind wir soweit, und ich glaube sagen zu können, daß es so nicht mehr weitergeht. Wir müssen etwas tun, und zwar das, was man heute Rückbau nennt. Wir müssen also etwas für einen sinnvollen Gebrauch des Autos tun, aus Umweltschutzgründen, aus rein ästhetischen Gründen oder auch aus Wohnumfeldgründen, wie auch immer. Der Reißverschluß wäre das Beste, aber das geht leider nicht.

Herr Jaenicke: Ich muß erst einmal gestehen, daß ich seit jungen Jahren radfahre, noch nie ein Auto besessen habe, übrigens aus den Gründen, die Sie als unmöglich bezeichnet haben. Aber ich habe mit Schrecken gesehen, daß Sie mich in Salzkotten zwingen wollen, wenn ich mit dem Rad fahren will, erst einmal rechts der Straße, dann links der Straße, über den Fluß hinüber, wieder zurück und dann zum Rathaus zu fahren. Für den normalen Menschen, für den das Radfahren kein Hobby ist, wie das heute viel gemacht wird, sondern eine normale Fortbewegung, wäre es doch besser, die Radfahrwege so zu machen, daß man den direkten Weg nehmen kann. Oder habe ich das falsch verstanden?

Herr Ruske: Das haben Sie falsch gesehen, aber ich habe das auch nicht ausführlich erklärt. Es ist genau der direkte Weg zur Innenstadt, zum Rathaus, zu den Geschäften, der allerdings den Fluß kreuzen muß. Anderenfalls müßten Sie einen wesentlich größeren Umweg fahren. Sie fahren die Diagonale, die aber auch ein wenig durch zwei Katheten bestimmt ist. Es ist also wirklich eine gerade Linie, die für den Radfahrer durch die Wohngebiete führt.

Herr Jaenicke: Ich glaube nicht, daß Sie das aus der Pedalperspektive sehen. Der direkte Weg war genau der Hauptverkehrsstraße lang vom Ortsanfang zur -mitte! Ich brauche kein Grünzeug, um mir Rat vom Rathaus zu holen! Das sind Stadtplaner-Vorstellungen.

Herr Ruske: Ich muß noch einmal betonen, daß durch das vorgesehene Radwegesystem ein direkterer Zugang zur Innenstadt mit ihren Entwicklungen von den entsprechenden südlichen Wohngebieten ermöglicht wird als er durch das Hauptverkehrsstraßennetz vorgegeben ist.

Herr Engell: Ihre Bilder, die Sie mit der CAD-Methode gezeichnet haben, waren vielleicht nur gedacht, um uns zu erläutern, was man damit kann. Wenn ich sie mir aber vom Ästhetischen her ansehe, dann habe ich etwas den Eindruck „frühes Drittes Reich". Sie haben auch den Ausdruck „die Städte zurückbauen" gebraucht. Ich weiß nicht, ob wir nicht besser nach vorwärts bauen sollten.

Herr Ruske: Straßen zurückbauen, habe ich gesagt.

Herr Engell: Wir sind uns alle darüber klar, daß Siena eine wunderschöne Stadt ist, und es gibt sicher auch in unserem Land noch kleine Städte und Dörfer, die herzerwärmend sind. Aber ich weiß nicht, ob sie das Muster abgeben für das, was die Stadt der Zukunft sein könnte. Ich glaube, auch die Wiederanknüpfung an das, was in den späten zwanziger und frühen dreißiger Jahren gebaut worden ist, ist vielleicht nicht mehr so hilfreich.

Soweit ich die Entwicklung in der publizierten Anschauung der Stadtplaner verfolgt habe, muß ich da einen gewissen Zickzack-Kurs feststellen. Mal ist davon die Rede, daß die Stadt nur entsteht, wenn man entsprechend verdichtet. Sie reden jetzt wieder von der durchgrünten Stadt, und ich weiß, daß das auch ein Konzept ist, das vertreten wird. Es ist aber immer die Frage, ob eine Stadt, die gar zu locker gebaut ist, überhaupt noch als Stadt empfunden wird. Das ist dann vielleicht eher eine Schrebergartenkolonie, was auch sehr hübsch sein kann, aber wohl nichts mit Stadt zu tun hat.

Kurz und gut, ich frage Sie jetzt: Gibt es eigentlich ein Konzept, das nach vorn gewandt ist, das also nicht nur Anleihen aufnimmt und wieder in die Sweetheart-City zurückführt, sondern etwas macht, was unseren heutigen Lebensbedürfnissen entspricht und doch auch etwas Neues ist?

Herr Ruske: Wenn ich so verstanden worden bin, daß ich der aufgelockerten Stadt, wie ich sie auch in einem Beispiel gezeigt habe, das Wort geredet hätte, dann bin ich nicht richtig verstanden worden. Eine moderne Stadt ist natürlich eine in Teilen verdichtete Stadt, das geht nicht anders. Es ist aber vor allem eine Stadt, die nicht abgegrenzte Wohngebiete hat, vor die wir wegen der Kriminalitätsrate demnächst wie in Amerika noch Posten stellen müssen. Diese Stadt haben wir Gott sei Dank nicht. Die moderne Stadt ist eigentlich eine offene Stadt, die gleichzeitig auch in ihren Wohngebieten etwas stärker verdichtet ist, weil sie sonst gar nicht mehr oder nur noch mit dem Auto andienbar ist. In dieser Stadt werden die Funktionen, die man im Nahbereich erledigen kann, gestärkt. Man sagt auch, es handelt sich um eine dezentrale Konzentration, besser würde man sagen, eine dezentralisierte Konzentration.

Herr Engell: Ist das nicht ein schwarzer Schimmel?

Herr Ruske: Überhaupt nicht. Dezentral heißt, daß man bestimmte Nutzungen nicht alle in der Innenstadt konzentriert hat, sondern über die Stadt verteilt – aber nicht gleichmäßig, sondern konzentriert in den Vororten, in den kleineren Gemeinden. Die kleineren Gemeinden müssen wieder gestärkt werden, damit sie lebensfähig sind, indem dort eine bürgernahe Verwaltung ist, indem dort auch eine entsprechende Infrastruktur vorgehalten wird. Das schließt nicht aus, daß wir auch noch die bekannten Supermärkte haben. Daran kommen wir gar nicht vorbei, weil dort aufgrund der gewandelten Konsumgewohnheiten ein Großteil der Bürger seinen täglichen Bedarf für eine ganze Woche deckt.

Aber warum muß man heute mit dem Auto in die Innenstadt fahren? Das ist doch in vielen Fällen gar nicht nötig. In die Innenstadt kommt man in den meisten Fällen relativ gut mit dem öffentlichen Verkehrsmittel. Man wird in aller Regel nicht immer unbedingt viel einkaufen, so daß das Auto als Transportmittel für Güter kaum eine Rolle spielt. Demnächst wird es Teleshopping und andere Dinge geben. Man ist dann nicht mehr unbedingt auf das eigene Auto angewiesen.

Die Leitidee ist also die Stärkung der Innenstadt, um den nicht täglichen Bedarf dort optimal befriedigen zu können, die Stärkung der Nebenzentren und sämtlicher Aktivitätsbereiche im Wohnumfeld, um dort stärker Tätigkeiten ausüben zu können, die heute alle nur mit dem Auto durchgeführt werden. Das ist also der Mittelweg der dezentralisierten Konzentration.

Herr Scholz: Herr Ruske, wenn Planer Entscheidungen treffen, dann tun sie das aufgrund bestimmter Kriterien, und hinter diesen Kriterien stehen bestimmte Wertvorstellungen. Sie haben verschiedene Wertvorstellungen genannt, und auch in der Diskussion sind einige genannt worden, zum Beispiel Unverwechselbarkeit – und die Unverwechselbarkeit als Wertmaßstab hat doch sicher eine sehr starke historische Komponente –, Originalität, ästhetische Wertmaßstäbe, Nutzbarkeit, Umweltfreundlichkeit usw.

Nun hat es zu allen Zeiten bestimmte Wertvorstellungen gegeben, aufgrund deren solche Entscheidungen getroffen worden sind. Diese Wertvorstellungen haben sich im Laufe der Jahrhunderte gewandelt. Alle, die die Jahrzehnte nach dem Zweiten Weltkrieg bewußt miterlebt haben, wissen, wie schnell sich gerade in diesen letzten Jahrzehnten Wertvorstellungen gewandelt haben.

Sie haben erwähnt, daß nach dem Kriege die Wertvorstellung der Unverwechselbarkeit mit der starken historischen Komponente zugunsten der Wertvorstellungen der Nutzbarkeit oder anderer sehr in den Hintergrund gerückt worden ist. Es hat aber zu jeder Zeit eine bestimmte Hierarchie der Wertvorstellungen gegeben. Bestimmte Werte hat man an die erste Stelle gesetzt.

Läßt sich etwas über die Hierarchie der Werte aussagen, von denen sich die heutigen Planer leiten lassen? Gibt es da vielleicht auch einen bestimmten Trend in die Zukunft? Welche Werte werden heute im allgemeinen an die erste Stelle gesetzt? Lassen sich da in der Praxis irgendwelche Trends ablesen? Es muß ja alles aufgrund der Beobachtung von praktischen Entscheidungen gesehen werden.

Herr Ruske: Sehr viel hängt eigentlich von der vermuteten Akzeptanz durch den Bürger ab. Das habe ich schon einmal zu Anfang als die eigentliche Leitidee überhaupt gekennzeichnet. Wenn Sie sich heutige Planungsentscheidungen anschauen, geht es eigentlich nicht so sehr um die Frage, ob das das Beste ist, nach welchen Kriterien auch immer – ich komme gleich noch einmal darauf –, sondern es wird sehr stark nach der Akzeptanz durch den Bürger geschielt. Das gilt bis auf ein paar Dinge, die wir mittlerweile gesetzlich geregelt haben oder für die sich das andeutet.

Heute muß man für jede Planung, die von größerer Bedeutung ist, Umweltverträglichkeitsprüfungen durchführen. Wenn Sie heute eine Straßenplanung machen – ich zeigte vorhin die Umgehungsstraße, die für meine Begriffe sehr weit in die Landschaft gedrängt ist –, gibt es landschaftsökologische Gutachten, später landschaftspflegerische Begleitpläne, mit denen man die Eingriffe in die Umwelt zu mildern versucht. Hier stehen Kriterien wie Umweltschutz sehr hoch obenan. Aber diese werden oftmals wieder mit Arbeitsplatzargumenten konterkariert.

Die große Umgehung in Salzkotten ist vor etlichen Jahren schon einmal mit dem Argument „festgelegt" worden, daß die Stadt einen Entwicklungsraum für ihr Gewerbe braucht und daß sich dieses innerhalb dieser Straßenumgehung abspielen soll. Bei der Planung spielen auch Egoismen einer Gemeinde gegenüber einer anderen Gemeinde eine Rolle. Da plant die eine Gemeinde ein Industriegebiet, eine andere Gemeinde ebenfalls, und sie versuchen, sich gegenseitig die potentiellen Kunden abzujagen. So hat man in Braunschweig vor 20 Jahren eine sehr große Fläche im Hafen für Industrieansiedlungen freigehalten. Man kann diese Fläche gar nicht füllen. Bei halbwegs realitätsbezogenen Überlegungen hätte man sich damals schon ausrechnen können, daß das eine Planung ist, die selbst in hundert Jahren nicht wirken kann.

Der langen Rede kurzer Sinn: Es sind sehr viele Dinge, die sich sozusagen aus dem Tagesgeschäft ergeben. Da muß bei einer Planung einem Geschäft an seinem bekannten Standort eine Entwicklungschance gegeben werden. Darauf muß die Planung entsprechend Rücksicht nehmen. Das ist in gewisser Weise auch durchaus legal. Es muß allerdings immer ein Kompromiß mit übergeordneten Gesichtspunkten gefunden werden. Diese übergeordneten Gesichtspunkte ergeben sich eben heute im weitesten Sinne aus dem Umweltschutz: Luftverunreinigung, Lärm etc.

Heute reagiert jeder Bürger auf Lärm und verlangt eine Lärmschutzwand oder entsprechende Maßnahmen. Die Luftverunreinigung sieht er nicht. Er riecht sie fast nicht. Sie ist aber für ihn auf Dauer viel schlimmer als ein bißchen Lärm. Natürlich gibt es auch hier Grenzen.

Andere Dinge, die in der Gestaltung liegen, werden in der Planung heute auch stärker berücksichtigt, als das früher der Fall war – das muß man einfach sehen –, auch beim Straßenverkehr.

Herr Kneller: Sie sagten gerade: „... ein bißchen Lärm". Das ist doch etwas bedenklich – Sie haben es ja auch gleich eingeschränkt –; denn was nützt es dem Menschen, in gesunder Luft zu leben, wenn er durch Lärm verrückt wird?

Herr Ruske: So kann man die Dinge nicht nebeneinander stellen. Meistens ist Lärm auch mit Luftverunreinigung verknüpft. Jede Nutzung – Verkehr und Straße sind eine Nutzung – stellen einen Anspruch an die Umwelt dar. Die Umwelt kann diesen Anspruch durch eine entsprechende Leistung erfüllen. Wir haben aber nicht nur den einen Anspruch Verkehr. Vorhin wurde schon einmal die Synergie angesprochen, und die Synergie der Effekte, der ganzen Nutzungsinanspruchnahmen, kennen wir überhaupt nicht. Wir wissen heute zwar, wenn ich nur einmal an Luftverunreinigung denke, daß es ungefähr 300 Stoffe gibt, die alle mehr oder weniger toxisch sind, aber wir wissen kaum, wie sie einzeln wirken, wir wissen überhaupt nicht, wie sie zusammen wirken. Die synergetischen Effekte sind also völlig unbekannt. Deshalb sagt man, um vorsichtig zu sein, lieber: Wir gehen auf die sichere Seite statt zu sehr auf die Inanspruchnahme des Bodens bis auf den letzten Quadratzentimeter zu dringen. Das ist eigentlich verständlich.

Herr Kneller: Ich meinte den Lärm, der deshalb auch etwas ganz Wesentliches ist, weil man ihn weder abstellen, noch sich wirksam gegen ihn isolieren kann. Luftverunreinigung vergiftet den Menschen, Lärm ruiniert seine Nerven und sein Gehirn. Ich bin mir im Moment gar nicht so sicher, was ich vorziehen würde, und ich weiß auch nicht, was mich schließlich zuerst umbringen würde.

Herr Ruske: Ich möchte noch einmal darauf hinweisen, daß die Gesamtzusammenhänge gesehen werden müssen. Lärm hat natürlich seine Grenze. Das ist völlig klar. Aber die Leute, die irgendwo an einer Straße wohnen, beschweren sich immer über den Lärm. Über die Luftverunreinigung beschwert sich eigentlich niemand, obwohl sie – und das wollte ich damit sagen – viel gefährlicher ist. Die Luftverunreinigung bekommt man nicht so einfach in den Griff. Die Katalysatoren in unseren Autos bringen im Augenblick nur wenig. Ich kann die ganze Diskussion um den Katalysator und die Tatsache, daß man ihn nicht sofort ganz eingeführt hat, ohnehin nicht verstehen. Aber das ist ein anderes Problem.

Herr Mäcke: Sie haben vorhin mehr nebenbei das organische Verästelungssystem erwähnt. Wir haben dieses früher oft das „hierarchische" System der Stadtnetze genannt, vor allen Dingen der Straßennetze, aber auch der öffentlichen Verkehrsnetze usw. In dem Beispiel Salzkotten gab es im Wesentlichen ja nur die eine Hauptstraße. Sie reicht für das gesamte Stadtleben nicht aus; also wird eine Umgehung als Ergänzung geplant. Da kommt gar nicht die angesprochene Vielfalt der Stadtplanung in den einzelnen Stadtstraßennetzen oder Stadtverkehrsnetzen zum Tragen.

Was denken Sie heute über dieses klassische hierarchische Verästelungssystem, über die, wie wir eigentlich mehr wissenschaftlich sagen, Stadtgliederung nach Funktionen?

Herr Ruske: Ich konnte natürlich nicht in totaler Breite über Salzkotten sprechen. Da gibt es zunächst als Hauptproblem die Durchgangsstraße, die Haupterschließungsstraße. Vor etwa 25 Jahren ist der Begriff des Environments eingeführt worden, und diese Environments sind hier eigentlich auch Grundlage der weiteren Planung. Das bedeutet, den Verkehr dort zu bündeln, wo es gar nicht anders geht und wo es relativ umweltverträglich ist, aber den Verkehr dort herauszuhalten oder langsam zu machen, um ihn erträglich werden zu lassen, wo andere Funktionen, andere Nutzungen Vorrang haben sollen. Wir haben also immer zwischen den Funktionen abzuwägen, welche Funktionen Vorrang haben oder ob vielleicht – etwa im Innenstadtbereich – eine ganze Reihe von Funktionen ähnliche oder fast gleiche Bedeutung haben.

Daraus ergeben sich dann auch entsprechende Gestaltungsnotwendigkeiten. Eine Wohnstraße muß und darf nicht so aussehen wie eine Wohnsammelstraße oder wie ein Verkehrssammler. Eine Wohnstraße muß mit geringen Straßenbreiten auskommen können, da die Leistungsfähigkeit hier kein Argument sein kann. Die geringen Straßenbreiten unterstützen eher Ziele wie „Erhöhung der Aufenthaltsqualität", wenn sie Autofahrer nicht zum schnellen Fahren einladen.

Wir müssen auf der anderen Seite aber auch Schnellfahrstraßen haben, um das Raumleben in der Stadt garantieren zu können. Es kann also nicht angehen, daß wir in Städten mit einem Durchmesser von 20, 25, 30 km oder mehr nur mit

15, 20 oder 30 Stundenkilometern fahren können. Da muß es auch ein leistungs-
fähiges Verkehrsnetz geben, auch aus Gründen des Güterverkehrs.

Der Güterverkehr ist heute an dem Punkt angelangt, daß er eigentlich nicht
mehr in die Innenstädte fahren will, eigentlich überhaupt nicht mehr in die
Städte. Ein Gütertransport von Köln nach Frankfurt – ob er sein muß, sei einmal
dahingestellt – dauert ungefähr drei Stunden. Um in Frankfurt das Gut zum Ziel
zu bringen und abzuladen, braucht man noch einmal fast die gleiche Zeit.

Die Städte sind im Grunde genommen am Rande des Infarkts; ihre Leistungs-
fähigkeiten sind erschöpft. Wir müssen auch da für leistungsfähige Straßen sor-
gen. Das heißt, wir brauchen in der Stadt eine Aorta, aber wir brauchen auch
kleinere Blutgefäße, kleinere Straßen, die die anderen Funktionen ermöglichen.

Daß Kinderspiel heute weitgehend auf Spielplätze verbannt wird, ist eigentlich ein himmelschreiendes Unrecht. Die Kinder haben im Wohngebiet einen
Anspruch. Wir müssen der Funktion Kinderspiel im Wohngebiet gerecht werden, weil im Wohngebiet diese Funktion der Funktion Autofahren gegenüber
bevorrechtigt ist. Warum sollen Kinder nicht auf der Straße spielen können?
Ich muß die Straße natürlich entsprechend gestalten, damit dort Kinder spielen
können und nicht von den Autos umgefahren werden.

Auch ich benötige das Auto hin und wieder, ich benötige es sogar zum täglichen Arbeitspendeln. Jeder hat ja ein gewisses Zeitbudget, und in meinem Fall
gibt es keine Chance, einen öffentlichen Personennahverkehr so zu organisieren,
daß ich mein Ziel in einigermaßen erträglicher Zeit erreichen könnte. Ich muß
aber nicht unbedingt samstags mit dem Auto in die Stadt fahren; dann setze ich
mich auch in den Bus.

Mir fällt gerade noch etwas ein, worauf ich nicht eingegangen bin. Natürlich
war das CAD-Beispiel noch Akademiegowgograd oder so etwas Ähnliches, das
wir noch im Rechner hatten. Ich sagte, daß wir ständig versuchen, das zu verbessern. Es ist im Augenblick vom Programmablauf her einfach schwierig, Far-
ben einer Fläche in Schattierungen darzustellen, was eigentlich zum optischen
Eindruck gehört. Deshalb waren die Flächen weiß, gelb oder braun usw., und
das sah in der Tat etwas brutal und stumpf aus. Wir sind dabei, das zu verbessern. Ich wollte damit eigentlich nur die Möglichkeit aufzeigen, die solche In-
strumentarien heute bieten.

Herr Kneller: Muß man nicht befürchten, daß dieses CAD-Verfahren die Be-
arbeiter der einzigen Gelegenheit beraubt, sich einmal gründlich in das Problem zu
vertiefen, was ja durch das Zeichnen bis zu einem gewissen Grade erzwungen wird?

Herr Ruske: Zeichnen müssen die Planer dabei auch. Ich will Ihnen ein Beispiel
nennen. Wir haben einmal für eine Stadt einen kleinen Platz aufgenommen. Auf

diesem Platz sollte eine Baulücke geschlossen werden, und es ging um die Frage, wie man das am besten macht. Da kann man natürlich auf einem Plan irgendwelche Bilder erstellen. Man kann mit dem CAD-Verfahren aber auch sehr schön verschiedene Gebäude einpassen – das ist überhaupt keine Arbeit mehr – und sich diese aus den verschiedensten Blickwinkeln anschauen, um die räumliche Wirkung sehr schnell feststellen zu können. Das enthebt Sie nicht der Mühe, dieses Gebäude zunächst einmal zu konzipieren. Man muß Varianten haben, und das macht man in der Regel auf dem Zeichenbrett. Das macht man nicht mit vorgefertigten Rechner-Makros, die man einfach zusammenbastelt. Das war ja das, wogegen ich mich auch gewandt habe. Das wäre die Clonierung, von der ich sprach, daß man irgendwelche Clones hat – das sind meine Makros –, die man auf den Bildschirm bringt, und dann hat man die neue Stadt. Um Gottes willen!

ABHANDLUNGEN

GPSR Compliance
The European Union's (EU) General Product Safety Regulation (GPSR) is a set
of rules that requires consumer products to be safe and our obligations to
ensure this.

If you have any concerns about our products, you can contact us on

ProductSafety@springernature.com

In case Publisher is established outside the EU, the EU authorized
representative is:

Springer Nature Customer Service Center GmbH
Europaplatz 3
69115 Heidelberg, Germany